EDICTS,

LETTRES PATENTES,

DECLARATIONS,

ORDONNANCES,

COMMISSIONS ET ARRESTS

Concernans les Chevaux
de loüage.

A PARIS,

Chez FREDERIC LEONARD, Imprim. ordinaire du Roy,
ruë S. Jacques, à l'Escu de Venise.

M. DC. LXIX.

Par Commandement exprés de sa Majesté.

EDICT DV ROY,

Pour l'eſtabliſſement des Relais de Chevaux de loüage de traitte en traitte, ſur les grands chemins, traverſes, & du long des Rivieres eſtans en l'eſtenduë de tout ce Royaume, pour ſervir à voyager, porter malles, & toutes ſortes de hardes & bagage; & comme auſſi pour ſervir au tirage des voitures par eau, & cultures des terres; Avec la creation de deux Generaux pour faire ledit eſtabliſſement, & iceluy entretenir ſelon les formes & ordres écrits par le preſent Edict & Reglement y mentionné.

Du mois de May 1597.

ENRY par la grace de Dieu Roy de France & de Navarre; à tous preſens & à venir, Salut. Conſiderant la pauvreté & neceſſité à laquelle tous nos Sujets ſont reduits à l'accroiſſement des troubles paſſez, que la pluſpart d'iceux ſont deſtituez de Cheuaux, non ſeulement pour le labourage, mais auſſi pour voyager & vaquer à leurs negoces accouſtumez, n'ayans moyen d'en acheter, ny de ſupporter la dépenſe neceſſaire pour la nourriture & entretenement d'iceux: pour raiſon dequoy, & pour la crainte que noſdits Sujets ont des courſes & ravages de gens de guerre. Comme auſſi les commerces accouſtumez ceſſent & ſont diſcontinuez en beaucoup d'endroits, & ne peuvent noſdits Sujets librement vaquer à leurs affaires, ſinon en prenant la Poſte, qui leur vient en grande cherté & exceſſive dépenſe; ou bien les Coches, leſquels ne ſont encores, & ne peuvent eſtre eſtablis en la pluſpart des contrées de noſtre Royaume, ſont ſi incommodées, que peu de perſonnes s'en veulent ſervir. A quoy deſirans pourvoir, & donner moyen à noſdits Sujets de voyager & commodément continuer le labourage, & cependant éviter la dépenſe qu'il conviendroit faire pour la nourriture deſdits Chevaux, attendu que dés long-temps la neceſſité & commodité a introduit le meſme eſtabliſſement qu'entendons regler: Aprés avoir mis cette affaire en deliberation en noſtre Conſeil, AVONS, de l'advis d'iceluy, & de noſtre certaine ſcience, pleine puiſſance & authorité Royale, par le preſent Edict & irrevocable, ORDONNÉ ET ORDONNONS que par toutes les Villes, Bourgs & Bourgades de cedit Royaume, de traite en traite, ſelon les journées, ordre, tant ſur les grands chemins que traverſes, ſeront eſtablis Chevaux de Relais à journée pour voyager & labourer, & & Chevaux de courbe pour le tirage des voitures par eau, au plutoſt que

A ij

faire se pourra, en tels lieux & nombre de Chevaux que les Commissaires qui seront deputez par Nous à cét effet, jugeront estre à propos & necessaires pour la commodité du public; lesquels Chevaux seront donnez à loüage pour toutes personnes, tant voyageans par terre & voiture par eau, que pour les Laboureurs qui volontairement voudront prendre & se servir de telles commoditez. L'establissement desquels Relais voulons estre reglé en la forme qui ensuit : Sçavoir, seront establis Maistres particuliers en chacune des Villes, Bourgs, Bourgades, & lieux qui seront jugez necessaires pour la commodité du public, pour chacune traite & journée : lesquelles journées seront limitées pour les moindres de douze lieuës, & les autres de quatorze & quinze lieuës, excepté és pays de Gascongne, Provence, Dauphiné, Languedoc, & autres endroits où les lieuës sont excessivement longues, & les chemins difficiles, ausquels pays & lieux seront lesdites journées limitées selon que les Marchands ont accoustumé les pratiquer, & ce pour les voyageurs à journées seulement : & au regard des Chevaux de courbes, les traittes seront limitées & reglées par l'advis des Marchands frequentans les Rivieres : Lesquels Maistres de Relais auront le nombre de Chevaux qui leur sera prefix & ordonné, & de telle force & valeur qu'ils puissent commodément servir à tous voyageurs, soit pour leurs personnes, port de malles, valizes, & autres hardes, soit pour le labourage, tirage par eau, & autre usage : le loüage de tous lesquels Chevaux sera payé selon & au prix qu'il est porté par les articles du Reglement cy-attaché sous le contre-scel de nostre Chancellerie. Et afin que lesdits Chevaux desdits Relais soient conservez, & que l'intention qu'avons d'en secourir & soulager le public, ne soit point divertie par la prise ou ravage desdits Chevaux, Nous voulons lesdits Chevaux, quelque part qu'ils soient establis, estre advoüez de Nous : Deffendons à toutes personnes, soient Gens de guerre ou autres de quelque qualité qu'ils soient, de les prendre ou enlever contre la volonté desdits Maistres, sous quelque pretexte ou pour quelque cause que ce soit, sur peine de la vie : Declarant dés à present comme pour lors, que ceux qui les auront emmenez contre la volonté desdits Maistres, ou s'en trouveront saisis, seront punis rigoureusement, comme infracteurs de nos Ordonnances. Enjoignons tres-expressément aux Prevosts des Maréchaux se saisir de tous ceux qui se trouveront les avoir pris & retenus en leurs puissances contre la volonté desdits Maistres, & les faire punir comme voleurs & guetteurs de chemins. Comme encor ordonnons aux Capitaines & membres des Compagnies de gens de guerre, d'empécher la prise desdits Chevaux par ceux qui sont sous leurs charges, à peine de répondre en leurs privez noms, des dépens, dommages & interests desdits Maistres de Relais, & leur faire payer la juste valeur desdits Chevaux. Et afin que personne ne puisse pretendre cause d'ignorance de la reconnoissance desdits Chevaux, & éviter les abus qui se pourroient commettre, seront lesdits Chevaux de Relais marquez en l'une des cuisses par marque ardente d'une fleur-de-lys apparente, au dessus d'une lettre H, qui sera aussi marquée. Et pour donner plus de moyen ausdits Maistres de Relais, de tenir leurs escuries garnies en nombre de Chevaux qui leur sera ordonné. Deffendons à tous Huissiers,

Sergens, & autres tels qu'ils soient, de prendre par execution lesdits Chevaux de Relais, soit pour debtes particulieres desdits Maistres de Relais, pour nos deniers & affaires, ou pour cottes imposées pour l'entretenement des gens de guerre, à l'instar de ce qui a esté ordonné pour les Chevaux de Poste, de bestail servant au labourage. Et pour empécher la continuation des desordres & confusion qui a esté cy-devant & jusques à maintenant au fait desdits Chevaux de loüage, si aucun vouloit de sa volonté & authorité privée s'entremettre à tenir Chevaux de loüages; Nous avons deffendu & deffendons par ces presentes à toutes personnes qui n'auront permission de tenir lesdits Relais de Chevaux de loüage, de s'immisser à la fourniture & loüage d'aucuns Chevaux, pour quelque cause, occasion ou pretexte que ce soit, sur peine de vingt écus d'amende, & de confiscation d'iceux Chevaux; applicable, sçavoir, la moitié à Nous, & l'autre moitié départie par égale portion aux dénonciateurs des contrevenans & Maistres de Relais, ausquels le fait touchera, lesquels dénonciateurs seront tenus à cét effet faire leurs dénonciations pardevant les Greffiers des Justiciers des lieux ou des Notaires, dont ils retireront des actes signez desdits Greffiers ou Nottaires, & les mettront entre les mains desdits Maistres des Relais pour en former leurs plaintes, & faire executer le present Edict. Et desirant donner plus de moyen ausdits Maistres des Relais & Chevaux de loüages, de tenir leurs escuries bien garnies de bons Chevaux de la qualité requise, pour la commodité du public, & s'acquiter plus soigneusement & fidelement de leur charge; Nous les avons par le present Edict declaré & declarons exempts, quittes & immences des guets à nous appartenans, gardes-portes, de ces charges d'Eschevins, Consuls, Capitous, Jurats, & des logis de gens de guerre seulement; Declarant n'avoir entendu, comme nous n'entendons par ce present establissement desdits Maistres de Relais & Chevaux de loüages, prejudicier à l'establissement, droicts, privileges & immunitez des Postes, ordres dés long-temps establis en nostre Royaume, ny pareillement au cours des Coches qui sont aussi ordres pour la commodité & usage du public. Deffendons à cét effet ausdits Maistres de Relais & Chevaux de loüages, de fournir desdits Chevaux pour courir la Poste; & à toutes personnes voyageurs à journées, de les faire galoper, sur peine de dix écus d'amende : ains d'en user & s'en servir, ainsi que l'on a accoustumé de faire de Chevaux loüez à la journée. Pour l'execution de nostre present Edict, & afin de faire establissement porté en iceluy & y maintenir l'ordre & police necessaire, pour la commodité & utilité de nosdits Sujets; Nous avons creé & erigé, créons & érigeons en titre d'Offices formez, deux Generaux desdits Chevaux des Relais à loüage, lesquels s'achemineront conjointement ou separément, ou ceux qui seront par eux commis, par toutes les Villes, Bourgs & Bourgades de ce Royaume que besoin sera, pour appeller les Officiers des lieux, faire ledit establissement & baux à fermes desdits Relais, au prix ordonné par ledit Reglement, sans avoir aucune jurisdiction & connoissance des contraventions au Reglement, ains appartiendra au Juge des lieux : Ausquels Generaux nous avons ordonné & attribué, ordonnons & attribuons tous & semblables privileges dont joüit le Controlleur General de nos Postes,

avec la fomme de cinq cens écus à chacun d'eux de gages, ordrés par chacun an, & auſſi taxations qui leur feront faites pour les chevauchées qu'ils
auront à faire, & leur feront ordonnées, tant pour eux que pour leurs
Greffiers, lors qu'ils vaqueront audit eſtabliſſement, leſquels gages &
taxations feront payez des deniers qui proviendront de la Ferme gene-
rale deſdits Relais de Chevaux de loüages. SI DONNONS EN MAN-
DEMENT à nos amez & feaux Conſeillers les Gens tenans nos Cours
de Parlement, Chambres des Comptes, & de nos Aydes, Baillifs, Senéchaux, & autres nos Juges & Officiers, Capitoûs, Jurats, Maires, Eſchevins, & autres que beſoin fera, que le preſent noſtre Ediᶜt ils faſſent
lire, publier & regiſtrer, & du contenu joüir & uſer ceux qui feront par
nous pourveus eſdits deux Offices de Generaux deſdits Relais de Chevaux de loüages, les Maiſtres particuliers d'iceux Relais, & autres perſonnes à qui le fait pourra toucher, plainement & paiſiblement, meſmes
leſdits Generaux deſdits Relais, que nous avons, ainſi que dit eſt, creez
de l'authorité privilegiée, gages & taxatiõs que leur avons attribuez, ſans
ſouffrir ny permettre qu'il y ſoit en aucune choſe contrevenu en quelque
ſorte que ce ſoit : CAR tel eſt noſtre plaiſir. Et pource que de cette
preſente l'on pourra avoir affaire en pluſieurs & divers lieux, Nous voulons qu'au duplicata, ou coppies collationnées par l'un de nos amez &
feanx Notaires & Secretaires, foy ſoit adjoûtée comme au preſent Original, auquel en témoin de ce, nous avons fait mettre meſme ſcel. DONNE'
à Paris au mois de May, l'an de grace mil cinq cent quatre-vingt dix-ſept,
& de noſtre regne le huitiéme. Signé, HENRY : Par le Roy, PO-
TIER. Et à coſté, Viſa ; & ſcellées de cire verte ſur lacs de ſoye rouge
& verte. Au deſſous eſt écrit :

*Regiſtrées, oüy le Procureur General du Roy, à Paris en Parlement le
vingt-troiſiéme Ianvier mil cinq cent quatre-vingt dix-huit.*
Signé, DU TILLET.

COMMISSION

*Pour faire aſſigner au Conſeil les contrevenans à l'Ediᶜt
des Relais.*

HENRY par la grace de Dieu Roy de France & de Navarre ;
A noſtre Huiſſier ou Sergent premier ſur ce requis, Salut. Noſtre amé & feal Conſeiller & Controlleur general de nos Poſtes, le ſieur de la Varanne, nous a fait remonſtrer que par nos Ediᶜts &
Declarations des mois d'Aouſt 1602. & Février 1604. nous aurions vou-
lu & ordonné eſtre eſtably des Chevaux de Relais & renvoy par tous
les lieux & traverſes de cettuy noſtre Royaume, où les Poſtes ne ſont
aſſiſes, enſemble des Chevaux de loüage en toutes les Villes de noſtredit
Royaume, avec deffences à toutes perſonnes qui n'auront permiſſion du-

dit Controlleur general ou ſes Commis, de s'immiſſer à la fourniturè
d'aucuns Chevaux de Relais & de loüage, tant pour le deſordre qu'ils
apporteroient audit eſtabliſſement, que pour empécher que les Eſtran-
gers ne paſſent par aucunes de nos Villes ſans en avoir entiere connoiſſance: neantmoins ledit ſieur de la Varanne ayant envoyé en pluſieurs
& divers lieux de cettuy noſtre Royaume ſes Commis pour faire ledit
eſtabliſſement, faire publier leſdits Edict & Declaration, & ſignifier leſdites deffences, pluſieurs particuliers ne laiſſent au mépris d'icelles à ſe
licencier au loüage deſdits Chevaux, troubler & empécher ledit eſtabliſſement qu'ils s'efforcent rendre ſans aucun effet: & d'autant que par
leſdits Edict & Declaration nous nous ſommes reſervez la connoiſſance de l'execution diceux, ledit ſieur de la Varanne nous a ſupplié luy
octroyer nos Lettres neceſſaires pour faire aſſigner en noſtredit Conſeil les contrevenans auſdites deffences & eſtabliſſement, aux fins de l'e-
xecution deſdits Edict & Declaration, dépens, dommages & intereſts.
Pour ce eſt-il que de l'advis de noſtre Conſeil, qui a veu noſtredite Declaration dudit mois de Février 1604. cy-attachée ſous le contre-ſcel
de noſtre Chancellerie. TE MANDONS & commettons par ces preſentes, qu'à la Requeſte dudit ſieur de la Varanne, ou de ſes Commis,
tu aſſignes à certain & competant jour en noſtre Conſeil Privé, tous particuliers qui s'ingerent & entremettent au loüage deſdits Chevaux, &
ſaiſiſſe tous les Chevaux appartenans aux particuliers qui les auront loüez
ſans la permiſſion de noſtredit Controlleur general des Poſtes ou de ſes
Commis, & qui par ce moyen ont empéché & empéchent ledit eſtabliſſement, & qui ont eſté & ſont refuſans d'obeïr auſdits Edict, Declaration & deffences, pour voir ordonner qu'ils ſeront executez de poinct
en poinct ſelon leur forme & teneur; pour les contraventions par eux
faites, qu'ils ſeront condamnez en trois cent livres d'amende, dépens,
dommages & intereſts dudit ſieur de la Varanne, ou de ſeſdits Commis;
répondre & proceder ſur telles autres demandes, fins, & concluſions
qu'ils voudront, contre eux prendre, ainſi qu'il appartiendra par raiſon.
Et parce que des preſentes l'on pourra avoir affaire en pluſieurs & divers lieux, Nous voulons qu'au *Vidimus* d'icelles deuëment Collationnées par l'un de nos amez & feaux Conſeillers, Notaires & Secretaires,
foy ſoit adjoûtée, & execution s'en enſuive, comme en vertu du preſent
Original: CAR tel eſt noſtre plaiſir. De ce faire te donnons pouvoir,
commiſſion & mandement ſpecial, ſans pour ce demander autre permiſſion *ne pareatis*, nonobſtant clameur de Haro, Chartres Normandes &
Lettres à ce contraires. DONNE'à Paris le 2. jour de Septembre l'an
de grace 1607. & de noſtre Regne le dix-neufiéme. Signé, Par le Roy
en ſon Conſeil, GILLET, & ſcellées du grand Sceau de cire jaune.

LETTRES PATENTES DU ROY,

Portant que l'Edict de reünion aux Postes sera executé, & deffences à toutes personnes de bailler Chevaux de Relais ny à loüage, sans la permission du Controlleur General des Postes.

Du 18. Octobre 1616.

LOUIS par la Grace de Dieu Roy de France & de Navarre; A tous ceux qui ces presentes Lettres verront, Salut. Comme par Edict du mois d'Aoust 1602. fait par le Roy nostre feu Sieur & Pere que Dieu absolve, pour la reünion des Relais aux Postes, & Declaration sur iceluy, du mois de Février 1604. Verifié où besoin a esté, par lesquelles il est permis au Controlleur General de nos Postes d'établir des Relais & Chevaux de loüage par toutes les Villes & Bourgs de nos Provinces dépendans de nostre Royaume, & encore des Relais où il n'y a point de Postes establies, & ce pour le soulagement de nos Sujets, avec tres-expresses inhibitions & deffences à toutes personnes de quelque qualité qu'ils soient de s'immisser à la fourniture d'aucuns Chevaux de loüage, sans l'exprés congé & permission dudit Controlleur General de nos Postes : Le revenu desquels Relais & Bureaux de Chevaux de loüage qu'il a establis en cettuy nostredit Royaume, nostredit feu Sieur & Pere auroit engagé à faculté de rachapt perpetuel à nostre-dit Controlleur General des Postes pour la somme de trente-deux mil cinq cens écus, qu'il auroit pour lors payée, & pour les frais qu'il feroit à l'establissement desdits Relais, comme appert par Brevet de nostredit feu Sieur & Pere, en datte du dernier jour de May 1604. Neantmoins aucuns de nos Sujets, en plusieurs Villes de cettuy nostredit Royaume ne veulent laisser joüir nostredit Controlleur General des Postes, ou ses Commis dudit droit & revenu desdits Chevaux de Relais & de loüage, sous pretexte qu'il n'auroit fait confirmer & approuver de nous lesdits Edict & Declaration : Pour ce est-il qu'aprés avoir fait voir en nostre Conseil lesdits Edict, Declaration & Brevet cy-attachez sous le contre-scel de nostre Chancellerie. Avons dit & declaré, disons & declarons, voulons, ordonnons, & nous plaist par ces presentes, que lesdits Edict de reünion des Relais aux Postes, Declaration sur iceluy, soient executez de poinct en poinct selon leur forme & teneur, en toutes les Villes & Bourgs de cettuy nostredit Royaume, & qu'ils sortent leur plein & entier effet, afin que nostredit Controlleur General des Postes joüisse entierement de ce qui luy a esté vendu & engagé, suivant ledit Brevet cy-dessus datté : Deffendons tres-expressément à toutes personnes de quelque qualité qu'ils soient le troubler & empécher en quelque sorte & maniere que ce soit, & de fournir ny bailler aucuns Chevaux en Relais ny

à loüage

à loüage en toutes les Villes, Bourgs & Bourgades de cettuy nostredit Royaume, sans la permission de nostredit Controlleur General des Postes, sur les mesmes peines portées par lesdits Edict & Declaration. Si DONNONS EN MANDEMENT à nos amez & feaux Conseillers les gens tenans nos Cours de Parlement, Baillifs, Senéchaux, Prevosts, Iuges, ou leurs Lieutenans, Iurats, Capitous & Consuls, & tous autres nos Officiers & Sujets qu'il appartiendra, que ces presentes ils ayent à faire observer, joüir & user nostredit Controlleur General des Postes, ses Commis, Maistres des Postes, Fermiers & tous autres ayans pouvoir de luy : Cessans & faisans cesser tous troubles & empéchemens au contraire, nonobstant oppositions ou appellations quelconques, pour lesquelles ne voulons estre differé. MANDONS au premier nostre Huissier ou Sergent sur ce requis faire toutes saisies & exploits pour ce necessaires. Et parce que de ces presentes on pourra avoir affaire en plusieurs & divers lieux : Nous voulons qu'au *Vidimus* deuëment collationné par l'un de nos amez & feaux Conseillers Notaires & Secretaires du Roy, foy soit adjoûtée comme au present original : CAR tel est nostre plaisir. DONNE' à Paris le 18. jour d'Octobre, l'an de grace mil six cent seize ; & de nostre regne le septiéme. Signé, LOUIS. Et sur le reply, Par le Roy, POTIER : Et scellé en double queuë de cire jaune.

EDICT DU ROY,

Portant union aux Charges de Conseillers & Sur-Intendans Generaux des Postes, de tous les pouvoirs & fonctions dont joüissoient les Controlleurs Generaux, Maistres des Courriers & Controlleurs Provinciaux desdits Postes, & autres.

Publié en l'Audience de la Chancellerie de France le 3. Iuillet 1632.

LOUIS par la grace de Dieu Roy de France & de Navarre, à tous presens & à venir, Salut. Nos predecesseurs Rois ayans reconnu qu'il estoit impossible aux Controlleurs Generaux des Postes de nous faire servir, ny le public, s'ils n'avoient l'authorité d'y contraindre tous les Maistres desdites Postes & autres Officiers sur lesquels le pouvoir de leurs Charges s'étend : outre la disposition qu'ils leur ont laissée desdites Charges, leur ont permis de les mulcter de peines, priver de leurs gages & de leurs charges, s'ils manquoient à leur devoir, sans que lesdits Controlleurs Generaux fussent tenus d'en rendre raison à autres qu'à nostre personne & à nostre Conseil, dont ils ont usé avec tant de moderation & de retenuë, qu'il n'en est jamais arrivé aucune plainte : & tant qu'ils ont esté en cette authorité, nous avons eu entiere satisfaction de leurs Charges, & le public des nouvelles seures &

prómptes de leurs affaires. Mais deflors qu'elle leur a efté alterée &
diminuée, & que lefdits Maiftres des Poftes ont trouvé ouverture de
s'en difpenfer, le pouvoir defdits Controlleurs Generaux n'eftant pas
d'ailleurs affez ample pour empécher les entreprifes des Meffagers & autres, fur lefdits Maiftres des Poftes, & fur les Fermiers des Chevaux de
Relais & loüage, aufquels ils ont fait divers procez, & les ont reduits à
quitter leur devoir pour fe deffendre : Le defordre eft devenu fi grand
que nous avons efté contraints, pour donner plus d'authorité aufdites
Charges, de changer cét ancien eftabliffement, fupprimer lefdits Controlleurs Generaux, & au lieu d'iceux créer trois Sur-Intendans, aufquels, outre les pouvoirs qui leur avoient efté accordez & confirmez,
nous en avons attribué de nouveaux, avec une qualité plus relevée, &
augmenté leurs gages pour foûtenir leur dignité, & les dépenfes qu'il
leur convient faire à noftre Cour & fuitte. Mais ayant feparé defdites
Charges le revenu des pacquets en nos Bureaux, & difpofé d'iceux au
profit des Maiftres des Courriers & Controlleurs Provinciaux defdites
Poftes par nous créez, & à iceux attribué aucuns des pouvoirs qu'a-
voient auparavant lefdits Controlleurs, cela a produit un effet contraire à celuy que nous nous eftions promis; parce que lefdits Sur-Intendans
de nos Poftes eftans plus relevez en qualité, mais moins intereffez en la
manutention defdits Maiftres des Poftes & revenus defdits Bureaux, ils
ont negligé de pourfuivre le Reglement d'entre lefdits Maiftres des Poftes, Meffagers & autres, pour empécher les entreprifes defdits Meffagers; & ainfi les defordres fe font accreus, & lefdits Maiftres des Poftes
contraints d'abandonner leurs Charges; De forte qu'à prefent il n'y a
plus de Poftes en noftre Royaume en eftat de nous fervir & le public, &
ne fe peuuent reftablir fans grande dépenfe & par perfonnes interef-
fées, qui ayant en main l'authorité, faffent garder l'ordre qu'il y convient apporter. C'eft pourquoy nous avons deliberé de reunir audites
Charges de Sur-Intendans des Poftes tous les pouvoirs dont joüiffoient
auparavant lefdits Controlleurs Generaux, les revenus des dépefches de
noftre Cour & fuitte, & de tous les Bureaux eftablis & à eftablir par lefdits Sur-Intendans, felon qu'ils jugeront neceffaire pour le bien de noftre fervice & commodité publique; & pareillement tous les pouvoirs
defdits Maiftres des Courriers & Controlleurs Provinciaux defdites Poftes, Maiftres des Relais & Chevaux de loüages, afin qu'à l'avenir tou-
te forte d'ordre, de direction & d'authorité refidant en leurs perfonnes,
ils puiffent plus facilement nous contenter & nous répondre des manque-
mens, fi aucuns y furviennent, fans pour ce leur retrancher la faculté
d'eftablir lefdits Offices de Maiftres des Courriers, Controlleurs Provinciaux & autres, par nomination d'eux, que nous confirmerons ou par
commiffions fimples, ainfi qu'ils le jugeront plus expedient pour noftre
fervice, dont les pourveus, ou commiffionnaires joüiront fuivant les E-
dicts de leur creation, fauf de l'attribution des émolumens qu'ils per-
cevoient, que nous remettons aufdites Charges de Sur-Intendans, lefquels pour plufieurs bonnes raifons nous voulons auffi rendre hereditaires. Ce qu'ayant efté mis en deliberation en noftre Confeil, où étoient

aucuns Princes & autres Officiers de noſtre Couronne : De l'advis d'iceluy & de noſtre pleine puiſſance & authorité Royale, Nous avons par
noſtre preſent Ediƈt perpetuel & irrevocable, confirmé & confirmons
auſdits trois Offices de nos Conſeillers & Sur-Intendans Generaux des
Poſtes & Relais de France, & Chevaucheur de noſtre Eſcurie, deſquels
dépendent & font part les Chevaux de loüages & Relais, tous les gages
& appointemens, plat & ordinaire en noſtre Cour & ſuitte, logement
prés de noſtre perſonne, extraordinaires gratifications, recompenſes,
eſtreines, revenus deſdits Relais & Chevaux de loüages; avec pouvoir
de changer, augmenter ou diminuer leſdites Poſtes, contraindre les Maiſtres d'icelles d'obſerver les Ediƈts, Ordonnances & Reglemens cy-devant faits, & ceux qui feront ou pourront eſtre à l'avenir : Enſemble mul-
ƈter leſdits Maiſtres des Poſtes, par retranchement de leurs gages, ſuſpen-
ſions de leurs Charges, le cas y écheant, diſpoſer d'icelles & de toutes les
autres qui dépendent d'eux, en quelque ſorte qu'elles ſoient vacantes,
terminer, decider & juger les differens concernans leſdites Poſtes, &
ceux qui ſurviendront entre leſdits Officiers pour la fonƈtion & exercice deſdites Charges, ainſi que faiſoient & pouvoient faire leſdits Controlleurs Generaux, & qui leur eſt attribué par nos Ediƈts & Arreſts.
Deſquelles choſes cy-deſſus, ils ne feront reſponſables qu'à noſtre perſonne & à noſtre Conſeil, comme il eſt porté aux Lettres Patentes du 8.
jour de Mars 1585. regiſtrées en noſtre Parlement de Paris : En ce faiſant
leur attribuons tout le revenu des Bureaux des Poſtes, lettres & depeſ-
ches de noſtredit Royaume, eſtablis & à eſtablir, y compris celuy de
noſtre Cour & ſuitte, & de Chevaux de loüage, traite, traverſes & Relais, ſans qu'autres qu'eux en puiſſent eſtablir en aucun lieu, ſous quelque
pretexte que ce ſoit : Davantage leur accordons & concedons pour l'a-
venir le droiƈt de nous nommer ou commettre auſdites Charges des Maiſtres des Courriers & Controlleurs Provinciaux créez par Ediƈt du mois
de May 1630. telles perſonnes que bon leur ſemblera, meſme d'en eſtablir
à noſtredite Cour & ſuitte, aprés toutefois que ceux que nous en avons
cy-devant pourveus auront eſté par nous rembourſez de ce qu'ils ont fi-
nancé pour leſdits Offices. Auſquels nommez par leſdits Sur-Intendans nous oƈtroirons nos Lettres de confirmation pour joüir deſdits
nouveaux titres, honneurs, privileges & prerogatives qui leur ſont attribuez par noſtredit Ediƈt, avec pouvoir de depeſcher & faire partir à tels
jours & heures qu'ils jugeront pour le bien de noſtre ſervice & commodité publique, tels Courriers & en tel nombre qu'ils aviſeront, en dé-
dommageant toutefois, & ſatisfaiſant leſdits Maiſtres des Poſtes des
courſes qu'ils feront, autres que celles qu'ils ſont tenus & obligez de faire par le ſuſdit Ediƈt, que nous voulons ſortir ſon plein & entier effet,
fors pour ce qui eſt des revenus deſdits Bureaux, qui appartiendront auſdits Sur-Intendans, avec les autres droiƈts & pouvoirs cy-devant decla-
rez qui n'en pourront eſtre des-unis, diſtrais, ſeparez ny diminuez, ſous
quelque pretexte ou occaſion que ce ſoit : Et leſquelles Charges & Offices de Sur-Intendans nous faiſons & rendons hereditaires, pour eſtre
tenus & poſſedez, & en eſtre diſpoſé à titre d'heredité, ſans qu'eux ny
leſdits Maiſtres des Courriers, Controlleurs Provinciaux, & Maiſtres des

Poftes, foient tenus de faire enregiftrer en nos Chambres des Comptres
& aux Bureaux de nos Finances, ny en aucunes autres jurifdictions, les
Lettres de provifions & pouvoirs qu'ils auront de Nous & de nofdits
Sur-Intendans, foit pour faire la fonction de leurs Charges, ou pour
joüir de l'émolument defdites dépefches. Et afin que lefdits Maiftres
des Poftes n'ayent fujet de refufer d'orefnavant les Chevaux qu'ils font
obligez de fournir fuivant noftredit Edict du mois de May 1630. aux Cou-
riers qui conduiront les dépefches ordinaires, ny exiger d'eux aucuns deniers pour les courfes de leurfdits chevaux, fous couleur qu'ils ne font
payez de leurs gages, & que lefdits Meffagers & autres s'ingerent d'eftablir des chevaux de traitte contre noftre intention; Nous voulons qu'il
foit fait un Reglement general en noftre Confeil, pour faire contenir lefdits Meffagers aux termes de l'Edict de leur creation, & empécher qu'il
ne foit entrepris fur les Charges defdits Maiftres des Courriers, Controlleurs Provinciaux, Maiftres des Poftes, Relais & chevaux de loüages de
noftredit Royaume. Et pour le regard des gages defdits Maiftres des
Poftes, Nous voulons & ordonnons que les Receveurs Generaux de nos
Finances, chacun en l'année de fon exercice, & par les quatre quartiers
d'icelle, mettent entre les mains de ceux defdits Maiftres des Courriers,
ou autres qui auront le pouvoir defdits Sur-Intendans, fur leurs fimples
recepicez, les fommes de deniers ordonnez par les eftats generaux de nos
Finances pour le payement defdits gages, aux Maiftres des Poftes & autres Officiers dépendans defdits Sur-intendans. Lefquels recepicez feront rendus par lefdits Receveurs, en leur fourniffant les quittances defdits Maiftres des Poftes, ou de ceux qui auront efté commis en leur lieu
par lefdits Sur-Intendans, pour n'avoir fatisfait au devoir de leurs Charges; contre lefquels nous voulons en outre eftre procedé par les voyes
contenuës en nos Lettres du premier jour d'Aouft 1627. & autres nos E-
dicts & Ordonnances fur ce faits, que nous entendons, enfemble les Ordonnances de nofdits Sur-Intendans, eftre executez nonobftant oppofitions ou appellations quelconques, dont fi aucunes interviennent nous
avons retenu & refervé la connoiffance à Nous en noftre Confeil, &
de tous les troubles & empefchemens qui feront donnez aux Sur-Intendans de nofdites Poftes, en la joüiffance des droicts, pouvoirs & facul-
tez cy-deffus mentionnez, & en nos Edicts, Lettres, Arrefts & Reglemens, dont copies deuëment collationnées font cy-attachées fous le contre-fcel de noftre Chancellerie. SI DONNONS EN MANDEMENT
à noftre tres-cher & feal Chevalier & Chancelier de nos Ordres, &
Garde des Sceaux de France, le Sieur de l'Aubefpine, Marquis de Cha-
fteau-neuf, que noftre prefent Edict il ait à faire lire & publier le Sceau
tenant, & regiftrer és Regiftres de l'Audience de France, & du contenu cy-deffus joüir & ufer plainement & paifiblement les pourveus defdits Offices de nos Confeillers Sur-Intendans Generaux des Poftes, Relais, Chevaux de loüages & Chevaucheurs de noftre Efcurie, & autres
fufnommez, & ne fouffrir qu'ils y foient troublez en quelque forte &
maniere que ce foit: CAR tel eft noftre plaifir. Et afin que ce foit cho-
fe ferme & ftable à toûjours, nous avons fait mettre noftre Scel à cef-
dites prefentes. DONNE' à Saint Germain en Laye au mois de May

l'an de grace mil six cent trente-deux ; & de noftre regne le vingt-troi-
fiéme. Signé, L O U I S : Et à cofté, *Vifa* : Et plus bas, Par le Roy, D e
L o m e n i e ; & fcellé du grand Sceau de cire verte en lacs de foye rouge & verte. Et encore au deffous eft écrit.

Leu, publié, le Sceau tenant, & Regiftré és Regiftres de l'Audience de la
Chancellerie de France, de l'Ordonnance de Monfeigneur le Marquis de Cha-
fteauneuf, Chevalier & Chancelier des Ordres du Roy, & Garde des Sceaux
de France. Au Pont à Mouffon, le Roy y eftant, le troifiéme jour de Iuillet
mil fix cent trente deux. Signé, P e t i t.

Leu, publié & regiftré, oüy le Procureur General du Roy. A Paris en Par-
lement le 2. jour d'Aouft mil fix cent trente trois.

Regiftré en la Chambre des Comptes, oüy le Procureur General du Roy, le
cinquiéme Septembre mil fix cent trente-trois.

DE PAR LE ROY.

S U R ce qui a efté reprefenté à fa Majefté ; Que par l'eftabliffement
fait en ce Royaume des Chevaux de Relais & de loüage, elle a ex-
preffément refervé aux Controlleurs, & depuis aux Sur-Intendans
Generaux des Poftes de France, tout ce qui concerne & regarde le fait
defdits Relais & Chevaux de loüage : Et neantmoins, qu'au prejudice du
fervice de fadite Majefté & dudit eftabliffement, plufieurs s'ingerent de
leur authorité privée, de bailler & fournir à tous venans des Chevaux
de Relais & de loüage ; ce qui ofte au Sieur de Nouveau, à prefent Sur-
Intendant General defdites Poftes, la connoiffance des Sujets de fa Majefté, & des Eftrangers qui vont par le pays fans fceu & adveu, en quoy
confifte le principal fruit dudit eftabliffement. LE ROY a fur ce fait
iteratives & tres expreffes inhibitions & deffences à tous fes Sujets, de
quelque qualité & condition qu'ils foient, de bailler, délivrer & fournir
aucuns Chevaux de Relais ou de loüage, fous quelque pretexte, & en
quelque forme & maniere que ce foit, fi ce n'eft par la permiffion dudit
Sieur de Nouveau, ou de ceux qui font par luy eftablis, tant en fa Ville de
Paris que par les Provinces, pour y pourvoir, à peine de confifcation d'i-
ceux Chevaux, & de tous dépens, dommages & interefts, & d'amende ar-
bitraire, au proffit de ceux au prejudice defquels lefdits Chevaux auront efté fournis & livrez. Enjoint à tous Baillifs, Senéchaux, Prevofts
ou leurs Lieutenans, chacun és refforts de leur Jurifdiction, faire publier
à heure & lieux deubs & accouftumez, la prefente Ordonnance, &
icelle faire eftroitement garder, entretenir, & obferver ; ceffant & faifant ceffer tous troubles & empéchemens à ce contraires. F a i t à For-
ges le 28. jour de Juin mil fix cent trente-trois. Signé, L O U I S : &
plus bas, B o u t h i l l i e r. Et fcellé du cachet des Armes de fa Majefté.

COMMISSION

Pour assigner au Conseil les contrevenans à l'Edict des Relais & Chevaux de loüage.

LOUIS par la grace de Dieu, Roy de France & de Navarre; A noſtre Huiſſier ou Sergent premier ſur ce requis, Salut. Noſtre amé & feal Conſeiller & Secretaire, Grand Maiſtre des Courriers, & Sur-Intendant General de nos Poſtes, le ſieur de Nouveau, Nous a fait remonſtrer que le feu Roy, noſtre tres-honoré Seigneur & Pere (que Dieu abſolve) par ſes Edicts & Declarations du mois d'Aouſt 1602. & Février 1604. auroit pour pluſieurs bonnes & grandes conſiderations eſtably des Chevaux de Relais & de renvoy par tous les lieux & traverſes où les Poſtes ne ſont aſſiſes, enſemble des Chevaux de loüage en toutes les Villes de noſtre Royaume; Avec deffences à toutes perſonnes qui n'auroient permiſſion des Controlleurs Generaux deſdites Poſtes, ou de leurs Commis, de s'immiſcer à la fourniture d'aucuns Chevaux de Relais, & de loüage: Deſquels eſtabliſſemens les feu Sieurs de la Varanne & Almeras ſucceſſivement pourveus deſdites charges, ont bien & deuëment jouy, à raiſon de dix livres pour chacun Cheval de loüage par chacun an, en la pluſpart des Provinces & Villes de noſtredit Royaume, fors en noſtre bonne Ville de Paris, & en celles dépendantes du reſſort de noſtre Cour de Parlement de Toloſe, & païs de Languedoc: En faveur des habitans deſquelles Villes, ledit droict de dix livres auroit eſté reduit à ſix livres par chacun an, par Arreſt de noſtre Conſeil du 11. Decembre 1622. Tous leſquels droicts de Relais, & Chevaux de loüage de noſtredit Royaume, Nous avons reünis aux trois Charges & Offices de Sur-Intendans Generaux de nos Poſtes, par noſtre Declaration du mois de May 1632. au prejudice de quoy pluſieurs particuliers entreprennent, au mépris de noſdits Edicts, Declarations, Reglemens, Ordonnances & Arreſts de noſtredit Conſeil, de loüer journellement leſdits Chevaux ſans la permiſſion dudit Sur-Intendant General, & ſans payer ledit droict, & par ce moyen font ce qu'ils peuvent pour ruïner leſdits eſtabliſſemens & les rendre ſans aucun effet. Et dautant que par leſdits Edicts & Declarations nous nous ſommes reſervez la connoiſſance de l'execution d'iceux, & icelle interdite à tous autres Juges; ledit ſieur de Nouveau nous a tres-humblement ſupplié luy vouloir ſur ce pourvoir. A CES CAUSES, de l'advis de noſtre Conſeil auquel nous avons fait voir noſtredite Declaration dudit mois de May 1632. la Commiſſion expediée en faveur dudit feu ſieur de la Varanne le 2. Septembre 1607. & pieces cy attachées ſous noſtre contre-ſcel; Nous te mandons & commandons par ces preſentes, qu'à la Requeſte dudit ſieur de Nouveau, tu aſſignes à certain & competant jour en noſtredit Conſeil, tous les particuliers contrevenans à noſdits Edicts, Declarations & Arreſts de noſtredit Conſeil ſur le fait deſdits Chevaux de loüage, & qui s'ingerent & entremettent de loüer des Chevaux ſans la permiſſion dudit Sur-Intendant General de nos Poſtes, & ſont refuſans de payer ledit droict, & d'obeïr à noſdits Edicts, Declarations, Ordonnances, Reglemens & Arreſts, pour voir (ſi faire ſe doit) ordonner qu'ils feront executez ſelon leur forme & teneur : Et pour les contraventions par eux faites, condamnez en trois cent livres d'amende, dépens, dommages & intereſts, & outre proceder comme de raiſon. Et dautant que des preſentes l'on pourra avoir affaire en pluſieurs & divers lieux, Voulons qu'au *Vidimus* d'icelles, deuëment collationné par l'un de nos amez & feaux Conſeillers & Secretaires, foy ſoit adjoûtée, & execution s'en enſuive comme en vertu du preſent original : CAR tel eſt noſtre plaiſir. De ce faire te donnons pouvoir, commiſſion, & mandement ſpecial, ſans pour ce demander autre permiſſion ne *pareatis*, nonobſtant clameur de Haro, Chartre Normande, & Lettres à ce contraires. Donné à Paris le 5. jour d'Aouſt, l'an de grace 1638. & de noſtre regne le vingt-neufiéme. Signé, Par le Roy en ſon Conſeil, BERTHEMET. Et ſcellé du grand Sceau de cire jaune, & contre-ſcellé.

EXTRAICT DES REGISTRES
du Conſeil Privé du Roy.

SVR la Requeſte preſentée au Roy en ſon Conſeil par Meſſire Hieroſme de Nouveau, Commandeur & grand Treſorier des Ordres du Roy, Sur-Intendant General des Poſtes & Relais de France; contenant, Que pour ſe maintenir en la faculté de permettre le loüage de Chevaux par tout le Royaume, laquelle fait un des principaux attributs de ſa Charge de Sur-Intendant des Poſtes, & pour ſe deffendre de l'uſurpation de ſon droict faite depuis quelques années par les Loüeurs de Chevaux de Paris, il a obtenu Arreſt du Conſeil le 19. Février dernier, portant permiſſion de les faire aſſigner, pour voir dire que les Edicts de 1597. 1602. 1630. & 1632. & les Reglemens & Arreſts du Conſeil rendus en conſequence, ſeront executez ; ce faiſant, que luy & ſes ſucceſſeurs en ladite Charge ſeroient maintenus en ladite faculté de permettre leſdits Chevaux de loüage, & percevoir les droicts pour ce deubs ſur le pied du Reglement fait au Conſeil le 12. Mars 1597. au payement deſquels leſdits Loüeurs de Chevaux ſeroient contraints par les voyes accoûtumées, tant pour le paſſé, à compter du jour que ſa joüiſſance a eſté interrompuë, que pour l'advenir, nonobſtant tous Arreſts, Sentences & Jugemens que leſdits Loüeurs de Chevaux pourroient avoir obtenus ailleurs qu'au Conſeil, oppoſitions, appellations, & autres empéchemens quelconques : il a fait ſignifier ledit Arreſt le 12. May dernier, avec aſſignation au Conſeil à chacun deſdits Loüeurs de Chevaux ; mais au lieu de ſe preſenter à cette aſſignation, leſdits Loüeurs de Chevaux ſe ſont pourveus au Parlement de Paris par une requeste conceuë en des termes qui marquent visiblement le mépris qu'ils font de l'authorité du Conseil, & ayant demandé d'estre déchargez des assignations qui leur ont esté données au Conseil, sous pretexte d'un Arrest qu'ils disent avoir esté rendu audit Parlement le 20. May 1650. duquel le Suppliant n'a connoissance quelconque, & lequel en tout cas, s'il estoit tel qu'ils l'exposent, ne pourroit subsister, parce qu'il est contraire à tous les Edicts & Reglemens faits au Conseil, par lesquels sa Majesté s'est reservé la connoissance des differents ce concernans; & ayant fait ordonner le 24. May 1660. que cette Requeste seroit communiquée, icelle signifiée le mesme jour au soir, ils ont le lendemain obtenu Arrest de pareille teneur que leur requeste; par lequel, quoy qu'il n'appartienne qu'au Conseil à décharger des assignations qui y sont données; neantmoins lesdits Loüeurs de Chevaux ont esté déchargez des assignations à eux données au Conseil, & deffences faites audit Suppliant de percevoir aucuns droicts pour le loüage desdits Chevaux; ce qui ne peut subsister, tant parce que cét Arrest est donné au prejudice de la Jurisdiction du Conseil: Au fonds il est contraire à tous lesdits Edicts & aux Reglemens faits au Conseil. REQVEROIT partant qu'il pleust à sa Majesté, sans avoir égard audit Arrest du Parlement du 25. May dernier, donné depuis & au prejudice de la signification de celuy du Conseil du 19. Février, ny à celuy allegué par lesdits Loüeurs de Chevaux en datte du 20. May 1650. qui sera cassé & annullé comme contraire ausdits Edicts, Arrests & Reglemens du Conseil, adjuger au Suppliant les conclusions qu'il a prises par sa Requeste, sur laquelle est intervenu ledit Arrest du 19. Février dernier, & ordonner que les parties procederont au Conseil sur les assignations données en consequence dudit Arrest; faire deffences ausdits Loüeurs de Chevaux de se pourvoir ailleurs qu'au Conseil, & audit Parlement d'en connoistre, à peine de nullité & cassation de procedures, trois mil livres d'amende, dépens, dommages & interests. VEU ladite Requeste signée du Suppliant & Boctois Advocat: Ledit Arrest du Conseil du 19. Février dernier: Assignations données en vertu d'iceluy du 12. May aussi dernier: La Requeste desdits Loüeurs de Chevaux audit Parlement, avec l'Ordonnance de communiqué, & la signification estant au bas, du 24. May: coppie dudit Arrest du 25. May dernier: Signification d'iceluy du 28. Ouy le Rapport du Sieur Morant Commissaire à ce deputé; & tout consideré. LE ROY EN SON CONSEIL A ORDONNE ET ORDONNE, Que sur les fins de ladite Requeste les parties seront sommairement ouyes, & joint à l'instance, pour ce fait estre pourveu ainsi que de raison, & cependant surseoiront toutes poursuites audit Parlement de Paris, jusques à ce qu'autrement par ledit Conseil en ait esté ordonné. FAIT au Conseil Privé du Roy, tenu à Paris le huictiéme jour de Juin mil six cent soixante. Signé, MAYSSAT.

LOUIS par la grace de Dieu Roy de France & de Navarre; Au premier des Huissiers de nostre Conseil, ou autre nostre Huissier ou Sergent sur ce requis. Nous te mandons & enjoignons que l'Arrest de nostre Conseil, dont l'extraict est cy-attaché sous le contre-scel de

noftre

noſtre Chancellerie, ce jourd'huy donné ſur la Requeſte preſentée par Hieroſme de Nouveau Sur-Intendant general des Poſtes & Relais de France ; Tu ſignifies à tous ceux qu'il appartiendra, à ce qu'ils n'en pre-tendent cauſe d'ignorance, & les aſſignes, pour eſtre les parties ſommai-rement ouyes ſuivant ledit Arreſt : & pour ſon entiere execution & de la ſurceance y mentionnée fais les deffences, actes & exploicts requis & neceſſaires, ſans pour ce demander autre permiſſion ny *pareatis* : C A R tel eſt noſtre plaiſir. D O N N E' à Paris le 8. jour de Juin, l'an de grace 1660. & de noſtre regne le dix-huictiéme. Signé , Par le Roy en ſon Conſeil, M A Y S S A T. Et ſcellé.

EXTRAIT DES REGISTRES
du Conſeil Privé du Roy.

S UR le Rapport fait au Conſeil du Roy de la demande à fin de profit des deffauts levez au Greffe du Conſeil les 13. & 23. Nov. 1660. par Meſſire Hierôme de Nouveau Baron de Lignieres, Commandeur & Grand Treſorier des Ordres du Roy, Grand Maiſtre, Chef & Sur-Inten-dant des Courriers, Poſtes, Relais & Chevaux de loüage de France, d'u-ne part ; contre les nommez Mallet, & Foreſt, & de Leſpine, Loüeurs de Chevaux de la Ville & Fauxbourgs de Paris, tant pour eux que pour tous les autres Loüeurs de Chevaux de ladite Ville, deffendeurs & deffaillans, & à ce qu'il pleuſt à ſa Majeſté, caſſer, revoquer & annuller l'Arreſt & le deffaut obtenu par leſdits Loüeurs de Chevaux audit Parlement de Paris les 31. Iuillet & 17. Decembre derniers, depuis & au prejudice des deffences portées par les Arreſts du Conſeil des 19 Février, 8. Iuin & 23. Aouſt dernier ; faire deffences auſdits Loüeurs de Chevaux de faire au-dit Parlement aucunes pourſuites en conſequence dudit deffaut, à peine de nullité & caſſation de procedures, trois mil livres d'amende, dépens, dommages & intereſts ; & afin de n'en point faire à pluſieurs fois, decla-rer qu'interviendra pour le profit deſdits defauts communs avec tous les Loüeurs de France. V E U audit Conſeil l'Arreſt rendu en iceluy le 19. Février dernier, portant permiſſion audit Sieur de Nouveau d'y faire aſ-ſigner leſdits Loüeurs de Chevaux pour voir ordonner que les Edicts des mois de Mars 1597. Aouſt 1602. Ianvier & May 1632. & les Reglemens & Arreſts intervenus en conſequence au Conſeil, ſeront executez ſelon leur forme & teneur : ce faiſant ledit Sieur de Nouveau maintient & garde ſes Succeſſeurs en ladite Charge de Sur-Intendant General des Poſtes & Relais de France, & la faculté de permettre le loüage des che-vaux tant en la Ville & Faux-bourgs de Paris, que par toutes les autres du Royaume, & de percevoir les droicts qui luy ſont pour ce attribuez ſur le pied du Reglement fait au Conſeil le 12. Mars 1597. ordonner qu'il luy ſera payé par tous ceux qui ont loüé & loüeront des chevaux, cha-cun en droit ſoy, ſeront contraints par les voyes accoûtumées , tant pour le paſſé, à compter du jour que ſa joüiſſance a eſté interrompuë, que pour l'advenir, nonobſtant tous Arreſts, Sentences, & Iugemens qu'ils pourroient avoir obtenus ailleurs qu'au Conſeil, oppoſitions, appellations & autres empéchemens quelconques; faire deffences à toutes perſonnes de s'immiſſer au loüage des Chevaux & Relais ſous quelque pretexte que ce ſoit, ſans ſa permiſſion, & ſans luy payer ſes droicts, à peine de confiſcation des chevaux & de l'amende portée par les Edicts, Arreſts & Reglemens, la Commiſſion obtenuë ſur ledit Arreſt dudit jour: Exploict de ſignification donnée en vertu d'iceluy auſdits Loüeurs de chevaux les 12. 13. & 14. May audit an 1660. copie de deux Arreſts du Parlement de Paris des 20. May 1650. & 26. May 1660. les concluſions de ladite Requeſte du 19. Février luy fuſſent adjugées, & ordonné que les parties procederoient au Conſeil ſur les aſſignations qu'il y avoit fait donner; portant que ſur les fins de la Requeſte les parties ſeroient ſommairement ouïes, joint à l'inſtance, cependant ſurcis, & toutes pourſuites au Parlement de Paris; ſignification dudit Arreſt; copie d'autre Arreſt du Parlement de Paris obtenu par leſdits Loüeurs de chevaux du 15. Iuillet dernier, ſignification d'iceluy : Autre Arreſt du Conſeil obtenu par le ſieur de Nouveau du 23. Aouſt 1660. portant que les parties procederoient au Conſeil nonobſtant & ſans avoir égard auſdits Arreſts du Parlement de Paris du 26. Iuillet dernier, & deffences auſdits Loüeurs de chevaux y continuer leurs pourſuites audit Parlement de Paris; ſignification d'iceluy, deffaut levé par ledit Sieur de Nouveau contre leſdits Loueurs de Chevaux le 19. Octobre 1660. exploict de reaſſignation donné en vertu d'iceluy le 23. Autre deffaut, ſauf huitaine & pur & ſimple, levé par ledit Sieur de Nouveau audit Greffe les 13. & 23. Novembre : leſdits Edicts des mois de Mars 1597. Aouſt 1602. Février 1604. Ianvier & May 1630. & May 1632. Le Reglement general fait au Conſeil pour leſdits chevaux de loüage du 12. Mars 1597. Commiſſion du grand Sceau du 2. Septembre 1607. Arreſts du Conſeil des 16. Decembre 1622. 8. Iuin 1634. Commiſſion du 5. Aouſt 1638. Arreſt du Parlement du 3. Février 1628. & 2. Aouſt 1633. Ordonnance du Roy du 23. Mars 1636. Bail à ferme dudit deub par les chevaux de loüage de Paris du 13. Novembre 1647. ladite Requeſte dudit Sieur de Nouveau, tendante à fin de caſſation de l'Arreſt du deffaut obtenu par leſdits Loüeurs de chevaux, les 31. Iuillet & 17. Decembre dernier, & que l'Arreſt qui ſera rendu ſoit declaré commun avec tous les Loüeurs de chevaux de France : coppie deſdits Arreſts & deffauts dudit Parlement, la demande formée par ledit Sieur de Nouveau pour obtenir le profit deſdits deffauts, & que les concluſions priſes par leſdites Requeſtes luy ſoient adjugées: Ouy le rapport du Sieur l'Allemant Commiſſaire à ce deputé, & tout conſideré. LE ROY EN SON CONSEIL A ORDONNÉ ET ORDONNE que leſdicts Edicts des mois de Mars 1597. Aouſt 1602. Février 1604. Ianvier & May 1630. May 1632. & les Reglemens & Arreſts intervenus au Conſeil en conſequence, ſeront executez ſelon leur forme & teneur; ce faiſant a maintenu & gardé, maintient & garde ledit ſieur de Nouveau & ſes Succeſſeurs en ladite charge de Sur-Intendant General des Poſtes, en la faculté de permettre ſeul le loüage des chevaux, tant en la Ville & Faux-

bourgs de Paris que par toutes les autres Villes du Royaume, & de percevoir les droicts y attribuez fur le pied du Reglement fait au Confeil le
12. Mars en l'année 1597. Ordonne fa Majefté qu'à ce luy payer tous ceux
qui ont loüé & loüeront des chevaux, chacun en droit foy, feront contraints par les voyes accouftumées, tant pour le paffé, à compter du jour
que fa jouïffance a efté interrompuë, que pour l'avenir, nonobftant &
fans avoir égard aux Arrefts & deffauts obtenus par lefdits Loüeurs de
chevaux audit Parlement de Paris, les 20. May 1650. 25. May, 31. Iuillet, & 17. Decembre derniers, & tous autres donnez au prejudice defdits
Edicts, Arrefts & Reglemens, & des deffences portées par iceux. Fait
deffences iteratives aufdits Loüeurs de chevaux de la Ville & Faux-
bourgs de Paris, & autres lieux du Royaume, & toutes autres perfonnes
de quelque qualité & condition qu'ils foient, de s'immiffer aux loüiages
de chevaux & Relais, foûs quelque pretexte que ce foit, fans la permiffion dudit Sieur de Nouveau, & fans luy payer lefdits droicts, fur les peines portées par lefdits Edicts, Arrefts & Reglemens, & faifies de leurs
chevaux, condamne les deffaillans aux dépens. F A I T au Confeil Privé du Roy tenu à Paris le 14. Ianvier 1661. Signé, D E M O N S.

L OU I S par la grace de Dieu Roy de France & de Navarre ; Au
premier noftre Huiffier ou Sergent fur ce requis : Te mandons
& commandons que l'Arreft cy-attaché fous le contre-fcel de noftre Chancellerie, ce jourd'huy donné en noftre Confeil Privé fur le
Rapport fait en noftre Confeil de la demande à fin de profit de deffauts
levez par noftre amé & feal Confeiller, Commandeur & Grand Trefo-
rier de nos Ordres, le fieur de Nouveau, Grand Maiftre, Chef & Sur-
Intendant General des Poftes, Relais, & Chevaux de loüage de France,
allencontre des nommez Mallet, la Foreft & autres en la qualité qu'ils
procedent : Tu fignifies aufdits Mallet, la Foreft, & à tous autres qu'il
appartiendra, à ce qu'ils n'en pretendent caufe d'ignorance, & ayent à
y obeïr & fatisfaire, & à leur refus les y contraints par les voyes ordinaires & accoûtumées & en tel cas, leurs fais en outre de par Nous les iteratives deffences portées par ledit Arreft, fur les peines y contenuës, &
fur celles contenuës aufdits Edicts, Arrefts & Reglemens fur ce faits ;
& pour l'entiere execution defdits Edicts & Reglemens, faits à la Re-
quefte dudit fieur de Nouveau toutes autres fignifications, affignations,
pour voir taxer dépens, commandemens, deffences, actes & exploits
neceffaires, fans demander autre permiffion : C A R tel eft noftre plaifir,
nonobftant clameur de Haro, Chartre Normande, & Lettres à ce contraires. D O N N E' à Paris le quatorziéme Ianvier l'an de grace 1661. &
de noftre regne le dix-huictiéme. Signé, Par le Roy en fon Confeil,
D E M O N S. Et fcellé.

EXTRAICT DES REGISTRES
du Conseil Privé du Roy.

SUR la Requeste presentée au Roy en son Conseil, par Messire François Michel le Tellier Marquis de Louvois, Grand Maistre, Chef & Sur-Intendant des Courriers, Postes, & Chevaux de loüage de France; contenant qu'encore bien que par plusieurs Edicts, Reglemens & Arrests du Conseil, la faculté de permettre le loüage de Chevaux tant en la Ville & Faux-bourgs de Paris, que par toutes les autres Villes du Royaume, & de percevoir les droicts pour ce attribuez, appartienne incontestablement à la Charge de Sur-Intendant General des Postes de France; neantmoins quelques particuliers s'estans donnez la licence d'éluder ce privilege, & de s'ingerer aux loüages des chevaux sans la Permission du Sur-Intendant General des Postes, & mesme obtenu quelques Arrests à cét effet au Parlement de Paris en l'année 1650. Le feu Sieur de Nouveau, lors pourveu de ladite Charge, fut obligé de se plaindre au Conseil de cét abus, où il obtint Arrest le 14. Janvier 1661. par lequel il fut ordonné que lesdits Edicts, Arrests & Reglemens du Conseil seroient executez selon leur forme & teneur, ce faisant luy & ses Successeurs en ladite Charge maintenus & gardez en la faculté de permettre seuls le loüage des Chevaux, tant en la Ville & Faux-bourgs de Paris, que par toutes les autres Villes du Royaume, & de percevoir les droicts y attribuez sur le pied du Reglement fait au Conseil le 12. Mars 1597. au payement desquels droicts tous Loüeurs de Chevaux seroient contraints par les voyes accoûtumées, nonobstant & sans avoir égard ausdits Arrests du Parlement de Paris des 20. May 1650. & d'autres donnez au prejudice desdits Edicts, Arrests & Reglemens; avec deffences iteratives ausdits Loüeurs de chevaux de la Ville & Faux-bourgs de Paris, & tous autres personnes de quelque qualité qu'ils soient, de s'immisser aux loüages de cheuaux, sous quelque pretexte que ce soit, sans la permission dudit Sieur de Nouveau, & sans luy payer les droicts, sur les peines portées par lesdits Edicts, Arrests, & Reglemens, & saisies de leurs chevaux. Cét Arrest avoit remedié aux entreprises desdits Loüeurs de Chevaux pendant la vie dudit feu Sieur de Nouveau : mais comme aprés son deceds & pendant la vacance de la charge les mesmes desordres ont recommencé, le Suppliant ayant succedé à cette Charge se trouve obligé d'y remedier : Requeroit à ces causes qu'il pleust à sa Majesté ordonner que l'Arrest dudit Conseil du 14. Janvier 1661. obtenu par le feu sieur de Nouveau, sera executé au profit du Suppliant comme il l'estoit au profit dudit feu sieur de Nouveau; ce faisant maintenir & garder ledit suppliant & ses successeurs de ladite Charge de Sur-Intendant General des Postes en la faculté denpermettre seul le loüage des chevaux, tant en la Ville & Faux-bourgs de Paris, que par toutes les autres Villes du Royaume, & de percevoir les droicts y attribuez sur le pied du Reglement du Conseil du 12. Mars 1597. Au payement desquels droicts tous ceux qui loüëront des chevaux seront contraints par les voyes accoustumées, & en outre faire tres-expresses & iteratives inhibitions & deffences à tous Loüeurs de chevaux, & toutes autres personnes de quelque condition qu'ils soient, de s'immisser aux loüages de chevaux sous quelque pretexte que ce soit sans la permission du Suppliant, & sans luy payer les droicts, sur les peines y portées par les Edicts, Arrests & Reglemens du Conseil, & saisies de leurs chevaux. VEU ladite Requeste, ensemble lesdits Edicts, Reglemens & Arrests du Conseil, & l'Arrest dudit Conseil du 14. Janvier 1661. & autres pieces jointes à ladite Requeste: Oüy le rapport du Sieur Mollé Commissaire à ce deputé, & tout consideré. LE ROY EN SON CONSEIL, ayant égard à ladite Requeste, A ORDONNE' ET ORDONNE que l'Arrest dudit Conseil du 14. Janvier 1661. sera executé au profit du Suppliant comme il eust pû estre au profit dudit feu Sieur de Nouveau; ce faisant a maintenu & gardé, maintient & garde le Suppliant & ses successeurs en ladite Charge de Sur-Intendant General des Postes, en la faculté de permettre seul le loüage des chevaux, tant en la Ville & Faux-bourgs de Paris, que par toutes les autres Villes du Royaume, & de percevoir les droicts y attribuez sur le pied du Reglement fait au Conseil le 12. Mars 1597. au payement desquels tous ceux qui loüëront des chevaux seront contraints par les voyes accoustumées, nonobstant & sans s'arrester aux Arrests du Parlement de Paris des 20. May 1650. 25. May, 31. Iuillet & 17. Decembre 1660. & tous autres donnez au prejudice desdits Edicts, Arrests & Reglemens, & des deffences portées par iceux. FAIT sa Majesté tres-expresses & iteratives inhibitions & deffences ausdits Loüeurs de Chevaux de la Ville & Faux-bourgs de Paris & autres lieux du Royaume, & toutes autres personnes de quelque qualité & conditions qu'ils soient, de s'immisser aux Loüages de Chevaux sous quelque pretexte que ce soit, sans la permission du Suppliant, & sans luy payer lesdits droits, sous les peines portées par les Edicts, Arrests & Reglemens, & saisies de leurs Chevaux: Et sera le present Arrest executé nonobstant oppositions ou appellations quelconques, dont si aucunes interviennent, sa Majesté s'en est reservé à soy & à son Conseil la connoissance, & icelle interdite à toutes ses autres Cours & Iuges. FAIT au Conseil privé du Roy, tenu à Paris le 24. jour de Ianvier 1669. Signé, MAISSAT: Et collationné.

LOUIS par la Grace de Dieu Roy de France & de Navarre, Dauphin de Viennois, Comte de Valentinois & Diois, Comte de Provence, Forcalquier & Terres adjacentes; Au premier nostre Huissier ou Sergent sur ce requis, TE MANDONS & commandons que l'Arrest dont l'extrait est cy-attaché sous le contre-scel de nostre Chancellerie, ce jourd'huy donné en nostre Conseil sur la Requeste presentée en iceluy par François Michel le Tellier, Marquis de Louvois, Grand Maistre, Chef & Sur-Intendant des Courriers, Postes & Chevaux de loüage de France; tu signifies à tous Loüeurs de Chevaux de nostre Ville & Fauxbourgs de Paris, & autres lieux de nostre Royaume, & à tous autres qu'il appartiendra, à ce qu'ils n'en pretendent cause d'ignorance, &

ayent à y obeïr & fatisfaire felon fa forme & teneur ; leur faifant de par nous les deffences y continuës fur les peines portées par nos Edicts, Ar-refts & Reglemens y énoncez, & les contraignent par les voyes accoû-tumez au payement des droicts dont eft queftion, nonobftant les Arrefts de noftre Parlement de Paris y mentionnez, mefme par faifie de leurs chevaux ; & faits au furplus pour l'entiere execution de noftredit Arreft, & de celuy de noftredit Confeil du 14. Ianvier 1661. toutes autres figni-fications, affignations, commandemens, actes & exploits requis & ne-ceffaires, fans pour ce demander autre permiffion ny *pareatis*. Voulons que noftredit Arreft foit executé, nonobftant oppofitions ou appella-tions quelconques, dont fi aucunes interviennent, nous nous en refer-vons à Nous & à noftredit Confeil la connoiffance, icelle interdifons & deffendons à toutes nos autres Cours & Iuges : CAR tel eft noftre plai-fir. DONNE' à Paris le vingt-quatriéme jour de Ianvier l'an de grace 1669. & de noftre regne le vingt fixiéme. Signé, Par le Roy Dauphin Comte de Provence en fon Confeil, MAISSAT ; & fcellé fur fimple queuë du grand Sceau de cire rouge.

FRANCOIS MICHEL LE TELLIER, MARQUIS de Louvois & de Courtenvaux, Confeiller du Roy en fes Con-feils, Secretaire d'Eftat & des Commandemens de fa Majefté, Grand Maiftre des Courriers & Sur-Intendant General des Po-ftes, Relais & Chevaux de loüage de France.

VOULANT pourvoir à ce que dans cette Ville & Fauxbourgs de Paris, ceux qui auront befoin de Chevaux de loüage foient informez des lieux où il y en aura, que ceux qui n'ont pas le pou-voir d'en loüer ne puiffent s'immifler d'en fournir, & que ceux qui font prepofez pour recevoir les droits qui nous appartiennent pour raifon du-dit loüage de Chevaux, fçachent à qui ils auront à s'addreffer pour en tirer le payement. NOUS AVONS ORDONNE' ET ORDONNONS tres-expreffément à tous Loüeurs de Chevaux eftablis en confequence de nos ordres, & de noftre permiffion, dans la Ville & Fauxbourgs de Paris, d'avoir des Enfeignes au deffus de leurs portes, qui marquent qu'ils auront chez eux des Chevaux de loüage ; à peine aux deffaillans de con-fifcation de leurs Chevaux & harnois. Deffendons à tous autres, qui n'auront aucune permiffion de Nous, de tenir des Chevaux de loüage, d'en fournir ny loüer aucun, ny d'avoir des Enfeignes à leurs portes, fur les mefmes peines de confifcation de leurs Chevaux & harnois. Et fera la prefente affichée és Carrefours & lieux publics de ladite Ville, & Fauxbourgs d'icelle, à ce qu'aucun n'en pretende caufe d'ignorance. FAIT à Paris le onziéme Mars 1669. Signé, DE LOUVOIS : Et plus bas, Par mondit Seigneur, NUGUET.

Collationné aux Originaux, par moy Confeiller Secretaire du Roy, Maifon, Couronne de France & de fes Finances.

L 'An mil six cent soixante &
jour de   le
                  en vertu de l'Arrest du Con-
seil Privé du Roy, & Commission sur iceluy du 24.
Janvier dernier, signé MAISSAT, & scellé; ledit Arrest ren du au profit de Messire MICHEL FRANÇOIS LE
TELLIER, Marquis de Louvois, grand Maistre, Chef
& Sur-Intendant des Courriers, Postes, Relais & chevaux de Loüage de France, & à la Requeste de Loüis
Rallet, Bourgeois de Paris, fondé de la Procuration
dudit Seigneur, portant pouvoir de faire l'establissement, regie & perception du droict des chevaux de
loüage, suivant & conformement aux Edicts, Arrests
& Reglemens mentionnez en ladite Procuration:
lequel a éleu son domicile en son Bureau rüe de la
Callandre vis-à-vis la rüe de la Savaterie.

J 'Ay   Huissier Sergent
à Verge au Chastelet de Paris, demeurant rüe
                  continuant la signification dudit
Arrest & Commission, fait commandement de par
le Roy à   Loüeur de chevaux demeurant rüe de
en son domicile, parlant à
de se transporter dans   au Bureau susdit, pour
faire sa declaration du nombre des chevaux de loüage

qu'il a depuis le premier jour de Janvier dernier, &
payer par luy audit Ralet, ou à celuy qui aura pouvoir de luy, suivant sa Declaration pour chacun cheval le prix porté par lesdits Edicts, Arrests & Reglemens cy-devant rendus pour le faict dont il s'agit;
luy declarant à faute de ce faire que si precisement
dans ledit temps il ne declare le nombre au vray des
chevaux qu'il a dans ses Escuries, & payer lesdits
droicts, qu'il y sera contraint à ses frais & dépens en
vertu desdits Edicts, Arrests & Reglemens, mesme
à la confiscation de ce qui s'y pourroit trouver de chevaux au surplus de sa declaration, à ce qu'il n'en pretende cause d'ignorance. Fait

DE PAR LE ROY.

SA MAJESTE' defirant ne rien obmettre pour reſtablir le bon ordre dans les Poſtes du Royaume, & faire que les Maiſtres d'icelles n'ayent aucun pretexte de ne pas faire leur devoir, & ſoient toujours montez de bons Chevaux, & au nombre qu'il convient: Et ſçachant que rien n'y peut contribuer davantage que de maintenir leſdits Maiſtres de Poſte dans les Privileges qui leur ont eſté accordez & confirmez de temps en temps, particulierement celuy de l'exemption dont ils doivent jouyr du logement actuel des Troupes, en ſorte qu'ils ne ſoient point divertis du ſervice, & que les proviſions qu'ils ſont obligez d'avoir pour la nourriture de leurs chevaux ne puiſſent eſtre conſommées par les Gens de guerre. Voulant auſſi ſa Majeſté maintenir dans cette exemption les Maiſtres des Courriers, les Controlleurs des Poſtes, les Commis des Bureaux deſdites Poſtes, les Courriers ordinaires, & meſmes en faire jouïr les Loüeurs de chevaux qui ſeront eſtablis dans les Villes & Bourgs du Royaume par le grand Maiſtre des Courriers & Surintendant general des Poſtes & Relais de France, pour la commodité publique SA MAJESTE' a deffendu & deffend tres-expreſſement à tous Chefs & Officiers de ſes Troupes, tant de cheval que de pied, Françoiſes & Eſtrangeres, de loger ny ſouffrir qu'il ſoit logé aucuns de ceux eſtans ſous leurs charges, dans les maiſons deſdits Maiſtres des Courriers, deſdits Controlleurs des Poſtes, des Commis és Bureaux d'icelles, des Maiſtres des Poſtes, deſdits Courriers ordinaires, & des Loüeurs de chevaux, ny de délivrer aucuns Billets ou Bulletins pour y en faire loger; comme auſſi de les comprendre dans aucunes Taxes faites ou à faire pour la ſubſiſtance, uſtanciles, ou autres fournitures pour leſdits Gens de guerre, ny pour aucunes Charges publiques, ny de leur faire faire aucun Guet & Garde, à peine pareillement auſdits Maire, Eſchevins, Capitouls, Iurats, Conſuls, & principaux Habitans des Villes, Bourgs & Parroiſſes, de deſobeïſſance, & de répondre en leurs propres & privez noms des dommages & intereſts deſdits Maiſtres des Courriers, Controlleurs, Commis, Maiſtres des Poſtes, Courriers ordinaires & Loüeurs de chevaux. Veut neantmoins ſa Majeſté que cette exemption n'ait lieu, à l'egard deſdits Loüeurs de chevaux, que pour deux dans chaque Ville, & un dans chaque Bourg; & qu'aucun d'eux n'en puiſſe jouïr que ceux qui auront au moins effectivement, ſçavoir dans chaque Ville capitale ſix chevaux, dans les autres Villes quatre, & dans les Bourgs trois; ſans neantmoins que cela oſte la liberté auſdits Loüeurs de chevaux d'en avoir dans leurs Eſcuries plus grand nombre, & tel qu'ils eſtimeront à propos pour le ſervice du public. Mande & Ordonne Sa Majeſté aux Gouverneurs & ſes Lieutenans Generaux en ſes Provinces, Gouverneurs particuliers de ſes Villes & Places, Intendans & Commiſſaires départis eſdites Provinces, & aux Commiſſaires des Guerres ordonnez à la conduite & police de ſes Trouppes, de tenir la main chacun comme il appartiendra à l'exacte obſervation de la preſente, laquelle Sa Majeſté veut eſtre publiée & affichée en toutes les Villes, Bourgs, & autres lieux de ſon Royaume que beſoin ſera, à ce qu'aucun n'en pretende cauſe d'ignorance; & qu'aux coppies d'icelle deuëment collationnées, foy ſoit adjouſtée comme à l'Original. FAIT à Paris le vingt-ſixiéme Fevrier mil ſix cent ſoixante-neuf. Signé LOVIS: Et plus bas, LE TELLIER.

Collationné à l'Original par moy Conſeiller Secretaire du Roy, Maiſon Couronne de France, & de ſes Finances.